Bibliografische Information der Deutschen Nationalbibliothek:

Die Deutsche Bibliothek verzeichnet diese Publikation in der Deutschen Nationalbibliografie; detaillierte bibliografische Daten sind im Internet über http://dnb.d-nb.de/ abrufbar.

Impressum:

Copyright © 2014 GRIN Verlag
Druck und Bindung: Books on Demand GmbH, Norderstedt Germany
ISBN: 9783668763418

Dieses Buch bei GRIN:

https://www.grin.com/document/434957

Antonio Salmeri

Änderungen im Bereich der grönländischen und antarktischen Eisschilde

GRIN Verlag

INSTITUT GÜR GEOGRAPHIE

Seminar zur Allgemeinen Geographie, Kurs 1

SoSe 2014

Die Änderungen im Bereich

der grönländischen und antarktischen Eisschilde

Antonio Salmeri

INHALTSVERZEICHNIS

Einleitung

Die folgende Seminararbeit orientiert sich in Inhalt, Form und Aufbau am fünften Sachbestandsbericht der *IPCC* (*Intergovernmental Panel on Climate Change*), welcher im September 2013 mit dem Ziel den aktuellen Stand der wissenschaftlichen Forschung (insbesondere im Bereich der Klimatologie) zusammenzufassen, publiziert wurde. Die vorliegende Arbeit widmet sich dabei der Kryosphäre der Erde (griechisch κρύος *[kryos]:* „kalt"), welche im Rahmen globaler Wandelprozesse sehr gut sichtbare Indikatoren der rezenten Klimaveränderungen hervorbringt. Die Ergebnisse und Entwicklungen des vorhergehenden Sachbestandsberichts der *IPCC,* welcher nun fünf Jahre zurückliegt, konnten dank verbesserter Mess- und Analysemethoden weitestgehend bestätigt und die große Variabilität globaler Wandelphänomene (noch) exakter und detaillierter ermittelt werden. (IPCC AR 5, 2013. *Observations Cryosphere* S. 319) Im Sinne einer daraus resultierenden Notwendigkeit der räumlichen Differenzierung, sollen im Folgenden die Veränderungen im Bereich der grönländischen und antarktischen Eisschilde behandelt werden.

Die Begriffe *Inlandeis* oder *Eisschild,* beschreiben per Definition einen Gletscher mit einer mindestens 50.000km² umfassenden Ausbreitung. Während im Pleistozän, zu Zeiten des letzten glazialen Maximums, noch der Großteil Nordamerikas und Skandinaviens mit solchen Eismassen bedeckt waren, beschränken sich die heutigen kontinentalen Inlandeisfelder auf Grönland und die Antarktis. (R. Barry & Y.G. Thian, 2011. S. 138) Es handelt sich somit um die größten weltweit existierenden, zusammenhängenden Eismassen, welche ca. 99% des gesamten Eisvolumens und somit den größten globalen Süßwasserspeicher repräsentieren. (C. Mayer & H. Oerter 2010. S. 92) Angesichts solcher Dimensionen wird die Notwendigkeit einer umfassenden Erforschung des stattfindenden Wandels der Eisschilde deutlich, nicht zuletzt aufgrund der sehr unmittelbaren Bedrohung eines durch abschmelzende Eismassen genährten Meeresspiegelanstiegs (siehe Kapitel 9: *Beiträge der Eisschilde zum Meeresspiegelanstieg*). Darüber hinaus induzieren erhöhte Lufttemperaturen in Polargebieten diverse Rückkopplungsmechanismen (siehe Kapitel 7.1.: *Veränderungen der grönländischen Albedo*), sodass Auswirkungen globaler Erwärmung in diesen Regionen sehr unvermittelt und besonders deutlich sichtbar werden. (O. Slaymaker & R.E.J. Kelly, 2007. S. 1) Nach einer einführenden Annäherung an die Charakteristika des grönländischen und antarktischen Eisschilds, werden drei aktuelle Messmethoden zur Erfassung der Massenbilanz von Inlandeisfeldern beschrieben. Die darauffolgenden Kapitel 4 (*Massenbilanz: Grönland*) und 5 (*Massenbilanz: Antarktis*) widmen sich den dadurch gewonnenen Messerergebnissen unter besonderer Berücksichtigung rezenter Beschleunigungsraten. Mögliche Ursachen jüngster Entwicklungen werden in Kapitel 6 (*Instabilitätsmechanismen*), mit besonderem Augenmerk auf regionale Phänomene wie jüngste Anomalien der grönländischen Albedo oder vermehrte Eisschelfverluste im Bereich der antarktischen Halbinsel, untersucht. Das letzte Kapitel widmet sich den aktuellen und zukünftigen Beiträgen der Eisschilder zum Meeresspiegelanstieg.

1. Grönland – eine Annäherung

Der grönländische Eisschild, offiziell auch *Kalaallti Nunaat* (dt.: *Land der Menschen*), erstreckt sich von 60° - 84° nördliche Breite und besteht aus einer einzigen Eismasse, welche mit einer maximalen Mächtigkeit von 3.280m und einem Volumen von 2,9 Millionen km³ ca. 85% der Insel bedeckt. Der Kollaps des Eisschilds entspräche somit einem potentiellen Meeresspiegelanstieg von ca. 7,36m. (IPCC, 2013. *Oberservations: Cryosphere* S. 5) Der Querschnitt Grönlands nähert sich einer Kuppelform an, da sich im Innenbereich Eismassen bis zu einer großen Mächtigkeit erheben, zu den küstennahen Ausläufern jedoch sehr viel dünner werden und an den Küsten in Auslassgletscher und schwimmende Gletscherzungen münden. (McKnight T.L. & Hess D. 2009, S. 717 - 719) Mächtige derartige Auslassgletscher wie *Hellheim* im Südosten, *Jakobshavnisbrae* im Südwesten oder der *Petermanns* Gletscher im Nordwesten transportieren Eismassen mit zuletzt zunehmenden Fließgeschwindig-keiten in den Atlantik bzw. das Nordpolarmeer. Die Bewegung des Inlandeises wird durch drei mechanische Prozesse bedingt: die Deformation und Dehnung innerhalb eines Eiskörpers, Eisbewegungen über dem Grundgestein sowie Eisbewegungen auf deformierbaren Sedimenten. Die Bewegung des Eises wird dabei durch die Schubspannung orografisch höher gelegener Eismassen hervorgerufen. Charakteristischerweise sind Fließgeschwindigkeiten mittig und oberflächennah am größten, da Eismassen an der Sohle sowie den Seiten festfrieren können. Häufig gleiten Eisströme auch auf einem Schmelzwasserschmierfilm durch glazial erodierte Fließrinnen, wodurch deren Fließgeschwindigkeiten erhöht werden. (R. Barry & Y.G. Thian, 2011. S. 144) Die Oberflächencharakteristika des grönländischen Eisschildes variieren in erster Linie mit der Höhe, sodass nach *Carl Benson (1962)* vier Höhenzonen unterschieden werden können: In großen Höhen wird eine *Trockenschneezone* definiert, welche aufgrund niedriger Jahresdurchschnittstemperaturen (-28° Celsius) meist nicht von Schmelzvorgängen betroffen ist. Die *Perkolationszone* hingegen ist aufgrund sommerlicher Temperaturerhöhungen von Infiltrationsvorgängen des Schmelzwassers in tiefere Eisschichten charakterisiert. Die sogenannte *Nassschneezone* ist bereits von stärkeren Schmelzprozessen betroffen, sodass oberflächennahe Eisschichten in den Sommermonaten durchwegs durchfeuchtet sind. In der meist küstennahen *Ablationszone* sind Schneedecken ganzjährlichen Schmelzprozessen ausgesetzt, sodass darunter liegende Eiskörper freigelegt werden. Masseverluste im Bereich Grönlands ergeben sich somit in erster Linie aus Schmelzprozessen, sowie Verlusten über Auslassgletscher. (R. Barry & Y.G. Thian, 2011. S. 145-146)

2. Antarktis – eine Annäherung

Der antarktische Eisschild umfasst 12,4 Millionen km² und lässt sich in die durch die transantarktische Gebirgskette separierte West- und Ostantarktis, sowie die antarktische Halbinsel unterteilen. Die in etwa 98% des Kontinents umfassende Eisdecke misst eine maximale Dicke von 4.776m (*Terre Adélie*) und könnte mit einem Eisvolumen von 25,4 Millionen km³ zu einem potentiellen Meeresspiegelanstieg von 58,3m beisteuern. (IPCC, 2013. *Oberservations: Cryosphere*, S. 5). Während der ostantarktische Eisschild auf einer Landmasse aufsitzt, befinden sich der Großteil des kleineren westantarktischen Eisschildes, teils deutlich (bis zu 2.000m), unter dem Meeresspiegel, welcher dementsprechend auch als *mariner* Eisschild bezeichnet wird. (R. Barry & Y.G. Thian, 2011. S. 152-153) Sich langsam bewegendes Inlandeis nährt die vergleichsweise rasch fließenden Eisströme, welche wiederum in „schwimmende Eisplatten", sogenannten *Eisschelfen*, münden. (I. Joughin & R.B. Alley, 2011. S. 507) Durch den Kalbungsprozess an Eisschelfen werden dem Ozean gewaltige Eisberge zugeführt, die aufgrund ihrer Ebenheit auch als *Tafeleisberge* bezeichnet werden. Der westantarktische Eisschild wird unter anderem vom *Ross Ice Shelf* (490.000km²), dem *Ronnie Filchner* Eisschelf (450.000km²), sowie diversen Auslassgletschern *(Bsp.: Pine Island Glacier)* die vor allem in die *Amundsen* See münden, begrenzt. (R. Barry & Y.G. Thian, 2011. S. 152) Eine gewisse Sonderstellung wird von der antarktischen Halbinsel eingenommen, die aufgrund der felsigen, alpinen Topographie, sowie sommerlichen Temperaturen über 0° Celsius und damit verbundener intensiver Oberflächenschmelze durchaus Parallelen zur Südküste Grönlands aufweist. Bedingt werden diese verhältnismäßig milden Bedingungen durch starke ozeanische Einflüsse der *Bellinghausen* und *Weddell* See, sodass 66% der gesamten jährlichen antarktischen Schneeschmelze in dieser Region stattfinden. (N.E. Barrand et. al., 2012. S. 315)

3. Messmethoden

Während Ozeane, Gletscher und Eisschilde bis vor einem halben Jahrhundert noch weitgehend mysteriöse und unerforschte Landschaften darstellten, erlauben es heutzutage modernste Messmethoden die im Kontext des Klimawandels stattfindenden Masseänderungen in Polarregionen zu erfassen. Die Massenbilanz eines Eisschildes wird durch die Oberflächenmassenbilanz (Resultat aus Akkumulation und Ablation), sowie Masseverluste an den Küsten durch Auslassgletscher bzw. Eisschelfe determiniert. (R. Barry & Y.G. Thian, 2011. S. 138) Grundsätzlich wird stets ein stabiler Zustand des Eisschilds angestrebt, welcher durch topographische Gegebenheiten des Untergrundes, Lufttemperatur, sowie durch das Verhältnis Akkumulation – Ablation bestimmt wird. Der Fluss des Eises erfolgt dabei entlang dem stärksten Gefälle zum Rand des Eischilds hin. (C. Mayer & H. Oerter 2010. S. 92) Um die für diese Berechnung notwendigen Daten ermitteln zu können, werden im Wesentlichen drei verschiedene Techniken zur Massenbilanzerfassung unterschieden: Die Massenbilanzmethode, eine lasergestützte Höhenmessung, sowie die Messung temporärer Änderungen im Erdgravitationsfeld. Sämtliche dieser Methoden wurden mehrmals, auch in kombinierter Form und unter Anwendung verschiedener Zeitskalen, für Grönland und die Antarktis angewendet.

3.1. Massenbilanzmethode

Selbige basiert auf der Erfassung der Differenz zwischen Akkumulation (Schneezutrag) und Ablation (Masseverluste durch Schmelzprozesse und Sublimation), sowie den Verlusten ins Meer mündender Auslassgletscher,

Gletscherzungen[1] und Eisschelfe. Die Daten werden dabei an vor Ort stationierten Messstationen erhoben und in regionale Klimamodelle (Bsp.: RACMO I und II)[2] eingespeist. Verluste an den Küsten können durch die Ermittlung der Mächtigkeit, sowie der Fließgeschwindigkeit des Eises an der Aufsetzlinie [(*„Die Aufsetzlinie ist der Übergang vom gegründeten Inlandeis zum schwimmenden Schelfeis")* (Alfred-Wegener-Institut, 2013. S. 2)] ebenfalls vor Ort, oder radargestützt per *InSAR*[3] gemessen werden. Daraus ergibt sich:

Niederschlag – *Sublimation* – *Schmelzabfluss* = Oberflächenmassenbilanz
(P)[4] - (SU) - (M/R) = (SMB)

Oberflächenmassenbilanz – *Eisabfluss* = Massenbilanz des
(SMB) (D) Eisschildes

Die Massenbilanzmethode erlaubt zwar die wertvollsten (physikalischen) Einblicke, birgt allerdings aufgrund der Subtraktion zweier so großer Werte gewisse Risiken und Unsicherheiten in der Berechnung. (I. Sasgen et al., 2012. S. 294), (IPCC, 2013. *Oberservations: Cryosphere* S. 347-349)

3.2. Lasergestützte Höhenmessung

Diese geodätische Methode erlaubt Rückschlüsse auf Höhenänderungsraten der Eisoberfläche innerhalb eines vorgegebenen Zeitrahmens. Um selbige Daten korrekt in Massedaten umrechnen zu können, sind allerdings Kenntnisse über die Schnee- und Firndichte, sowie über mögliche isostatische Ausgleichsbewegungen des Untergrundes durch Änderung der Eisauflast, unerlässlich. Schneeverdickungsraten reagieren äußert sensibel auf Temperaturänderungen, sodass kurzfristiges Erwärmen zwar ein Herabsetzen der Oberfläche bewirkt, sich daraus aber nicht zwingend ein Masseverlust ergeben muss. Diese Laser und Radargestützten Messungen wurden bisher mit Flugzeugen ausgeführt, seit dem Jahr 2003 jedoch auch mittels des *ICESat*[5]

---

[1] Kalben und Eisabfluss werden separat von der Oberflächenablation behandelt. (IPCC, 2013. Annex III Glossary)
[2] Regionales Klimamodell für Grönland und die Antarktis (Ettema et al. 2009, Van der Broeke et al. 2009)
[3] Interferometric Synthetic Aperture Radar (IPCC, 2013. Annex III Glossary)
[4] P: Precipiation / SU: Sublimation / M/R: Melt and Run-off / SMB: Surface Mass Balance / D: Discharge – übersetzt vom Verfasser.
[5] Ice, Cloud, and land Elevation Satellite. (www.nasa.gov)

Satelliten der *NASA*. Vor allem kürzlich gewonnene Satellitendaten erlauben sehr exakte Erfassungen der Masseänderungen im Bereich der Eisschilder. Im Allgemeinen sind verwertbare Aufzeichnungen jedoch an geeignete atmosphärische Bedingungen gekoppelt. (I. Sasgen et al., 2012. S. 294), (IPCC, 2013. *Oberservations: Cryosphere* S. 347-349), (C. Mayer & H. Oerter, 2010. S. 93)

3.3.   Messung des Erdgravitationsfeldes mittels *GRACE*

Das *Gravity Recovery And Climate Experiment* startete im März 2002 mit der Aussendung zweier Satelliten in ein eine niedrige Erdumlaufbahn, welche anhand exakter Distanzmessungen zueinander regelmäßig Aufzeichnungen über Gravitationsfeldstörungen durch Masseänderungen liefern und somit unmittelbare Rückschlüsse auf Masseverluste der Eisschilde erlauben. Allerdings werden die Satellitendaten von sämtlichen Masseänderungen der Erde, einschließlich kurzzeitigen atmosphärischen Druckänderungen bis hin zu langzeitlichen Änderungen des Mantelmaterials, beeinflusst. (I. Sasgen et al., 2012. S. 294), (IPCC, 2013. *Oberservations: Cryosphere* S. 347-349)

4. Massenbilanz: Grönland

Im Folgenden werden die Messergebnisse von Ingo Sasgen et al. (2012) zum Massehaushalt Grönlands exemplarisch vorgestellt, da hierbei die eben erwähnten Messmethoden zur Anwendung kamen und deren Ergebnisse verglichen wurden. (Siehe Abbildung 1: *Regional mass trends of the GrIS)* Laut der *GRACE* Messung ergibt sich für den gesamten grönländischen Eisschild im Zeitraum Oktober 2003 bis Oktober 2009 ein durchschnittlicher Masseverlust von 238 ± 29 Gigatonnen pro Jahr. Ähnliche Ergebnisse liefert die Massenbilanzmethode mit einem Verlust von 260 ± 53 Gigatonnen, sowie die Höhenmessungsmethode mit 244 ± 28 Gigatonnen pro Jahr. Sehr ähnliche Werte wurden zudem von Broeke et al. (2009) sowie Rignot et al. (2011) unter Gegenüberstellung von *GRACE* und der Massenbilanzmethode errechnet. Um die regionale Variabilität der Masseverluste zu untermauern, wurden zudem die jeweiligen Verlustraten von 7 verschiedenen Regionen ermittelt. (Siehe Abbildung 1: *A – G)* Grob betrachtet lässt sich eine leichte Nord – Süd Divergenz beobachten, da im Osten (C), Südosten (D), Südwesten und Nordwesten (G) Masseverluste von über

40 Gigatonnen pro Jahr verzeichnet wurden, während die Verluste in den nördlichen Becken (A) und (B) mit 15 Gigatonnen pro Jahr etwas geringer ausfielen. Im Laufe des Beobachtungszeitraums konnten vereinzelt auch Jahre mit positiven Massenbilanzen beobachtet werden, wie beispielsweise eine Massenzunahme im Osten (C) in den Jahren 2008 und 2009 von 72 – 96 Gigatonnen. Für alle Regionen Grönlands zeigt sich jedoch eindeutig, dass die Ablation (insbesondere durch Oberflächenschmelze), klar die zwischenjährlichen Variationen des Niederschlags[6] überstiegen haben. Daraus lassen sich langzeitliche Veränderungen Grönlands, bedingt durch um vereinzelt bis zu 59 % gestiegene Schmelzraten (im Nordwesten), auf keine Weise mehr leugnen. (I. Sasgen et al., 2012. S. 293-303)

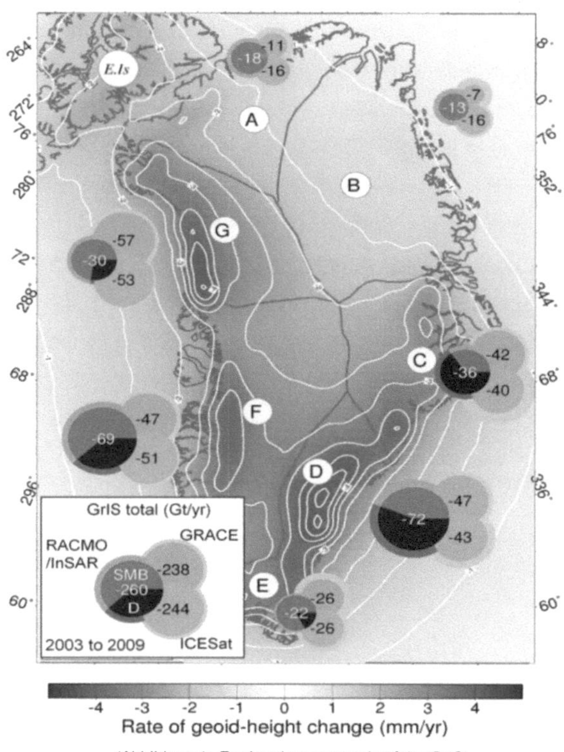

(Abbildung 1: *Regional mass trends of the GrIS*)

---

[6] Referenzwert: Jahresdurchschnittsniederschlag zwischen 1958 - 2010. (I. Sasgen et. al. 2012, S. 293 - 303)

5. Massenbilanz: Antarktis

Massenbilanzmessungen im Bereich des antarktischen Eisschilds erweisen sich aufgrund der großen Fläche ungleich schwieriger, sodass Messergebnisse zum Teil beträchtlich variieren. (E. Rignot & H. Thomas, 2002. S. 1503) Erhobene Messungenauigkeiten der Vergangenheit resultierten einerseits aus einem fehlenden flächendeckenden Messnetz, aus der Überbewertung von Masseverlusten durch Schmelzwasser welches gemäß neuesten Erkenntnissen nur geringe Beiträge zum Masseverlust liefert, sowie aus einer fehlenden Berücksichtigung isostatischer Ausgleichsvorgänge des Eises bei *GRACE* Messungen. (H.J. Zwally & M.B. Giovinetto, 2012. S. 372) Gemäß dem aktuellen Sachbestandsbericht der *IPCC* besteht derzeit aber „*hohe Konfidenz*" darüber, dass der antarktische Eisschild Masseverluste im Ausmaß von durchschnittlich 97 Gigatonnen pro Jahr im Beobachtungszeitraum zwischen 1993 – 2010 erlitten hat. (Siehe Abbildung 2: *Cumulative ice mas loss in Antarctica)* Ferner konnte mit großer Sicherheit eine Beschleunigung der Eisverluste auf durchschnittlich 147 Gigatonnen in den Jahren 2005 – 2010 festgestellt werden. Bedingt wird diese Entwicklung in erster Linie durch Masseverluste an Eisschelfen der Westantarktis sowie der antarktischen Halbinsel, während in der Ostantarktis durchwegs Zuwächse von 21 ± 43 Gigatonnen im Beobachtungszeitraum 1992 – 2011 registriert werden konnten. (IPCC, 2013. *Oberservations: Cryosphere* S. 352)

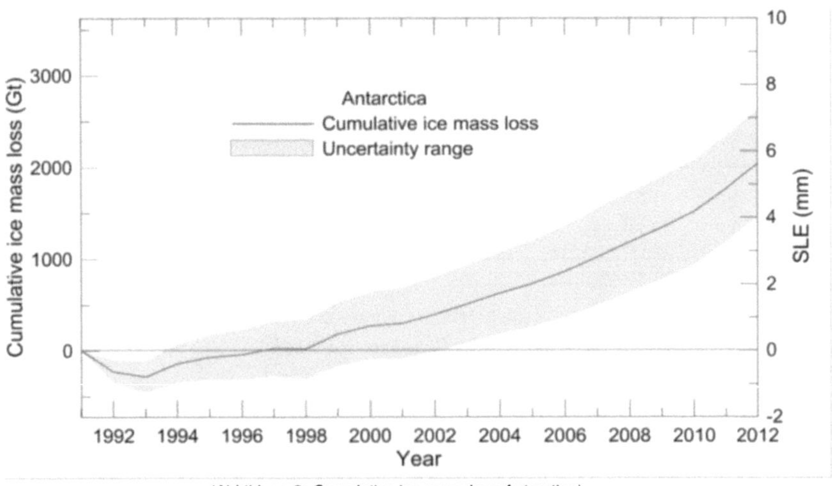

(Abbildung 2: *Cumulative ice mass loss Antarctica)*

6. Instabilitätsmechanismen

Als wesentliche Ursache für die jüngsten Entwicklungen in den Bereichen Grönlands und der Antarktis können Veränderungen des Ozeans und der Atmosphäre genannt werden, welche Prozessen des Klimawandels zuzuschreiben sind.

6.1. Interne und atmosphärische Instabilität

Aus externen Veränderungen der Atmosphäre resultieren interne Dynamiken des Eises, welche im Folgenden beschrieben werden. Die Erhöhung der Lufttemperatur, sofern über dem Gefrierpunkt, manifestiert sich sowohl in gesteigerten Niederschlägen aufgrund der erhöhten Wasserdampfaufnahmefähigkeit der Luft, als auch in einer Intensivierung der Oberflächenschmelze. Letzteres wiederum zeigt sich wie bereits erwähnt, eng mit Prozessen der internen Instabilität der Eisschilder gekoppelt. Prozesse der Fraktur welche durch erhöhte Schmelzwasservorkommen und daraus resultierenden Frostdruckmechanismen begünstigt werden, haben beispielsweise in Kombination mit subozeanischen Schmelzvorgängen mit großer Wahrscheinlichkeit zum Kollaps des *Larsen B* Eisschelfs geführt. (Siehe Kapitel 8.1: *Eisschelfverluste im Bereich der Antarktis*) (IPCC, 2013. *Oberservations: Cryosphere* S. 356) Zudem kann Schmelzwasser in tiefere Eisschichten infiltrieren und sich als Gleitschicht beschleunigend auf Eisströme auswirken. Die Erhöhung der Reibungsenergie aufgrund der größeren Fließgeschwindigkeiten des Eises, trägt zu einer weiteren Schmelzwasserproduktion bei. (I. Joughin & R.B. Alley, 2011. S. 507) Jüngste Forschungsergebnisse zeigen zudem, dass Schmelzwasser welches durch Schmelzkanäle im Eis bis zur Aufsetzlinie des Gletschers vordringt, dort zu Schmelzvorgängen unterhalb des schwimmenden Eises führen kann. Ein bis dato schwer nachvollziehbarer Prozess, welcher jedoch aller Wahrscheinlichkeit nach das Kalben von Eisbergen begünstigt. (Alfred-Wegener-Institut, 2013. S. 1-4)

6.2. Ozeanbedingte Instabilität

Der Interaktion zwischen erwärmten Ozeanwasser und der Peripherie großer Eisschilder kann aufgrund der daraus resultierenden erhöhten Schmelzraten an ozeanbündigen Gletscherfronten, Auslassgletschern und Eisschelfen laut *IPCC* eine wesentliche Rolle zugeschrieben werden. (IPCC, 2013. *Oberservations: Cryosphere*

S. 355) Vor allem erhöhte Schmelzraten an der Unterseite von Eisschelfen führen zu Rückzügen der Aufsetzlinie und Ausdünnung der schwimmenden Eisplatten, sodass in Folge deren Rückhaltefunktion abnimmt und die Fließgeschwindigkeiten der Eisströme zunehmen. Selbiges Phänomen führt in erster Linie in den Bereichen der Westantarktis und antarktischen Halbinsel zu erhöhten Masseverlusten, betrifft allerdings auch Gletscherzungen grönländischer Auslassgletscher und wird als *„basales Abschmelzen"* bezeichnet. Subozeanische Schmelzvorgänge an Eisschelfen unterliegen zudem einem Zirkulationssystem, bei dem durch oberflächliches Gefrieren entstandenes salzreiches Wasser aufgrund seiner höheren Dichte absinkt und durch Druckaufschmelzung[7] Masseverluste an der Basis der Eisschelfe herbeiführt. Das Zirkulationssystem ergibt sich nun aus dem dadurch zugeführten Süßwasser, welches die Salinität und Dichte wiederum verringert und die Wassermassen zum Aufstieg bewegt. (I. Joughin & R.B. Alley, 2011. S. 508) Auch durch saisonal erwärmtes Wasser welches die Eisränder der Eisschilde erreicht, werden durch unmittelbare Schmelzvorgänge Masseverluste herbeigeführt. So konnte beispielsweise subtropisches Warmwasser in grönländischen Fjords nachgewiesen werden. (IPCC, 2013. *Oberservations: Cryosphere* S. 355) Der folgende Teil der Seminararbeit widmet sich nun der genaueren Betrachtung dieser Instabilitätsmechanismen anhand der konkreten Beispiele Grönlands und der Antarktis.

7. Grönland – externe Klimatreiber

Bei rezenten Temperaturmessungen in Grönland scheinen sich Temperaturrekorde nahezu im jährlichen Rhythmus zu übertreffen. 2010 wurden für gesamt Grönland die wärmsten Temperaturen seit 1951, für *Nuuk* seit Beginn der Aufzeichnungen festgehalten. Die daraus resultierende Oberflächenschmelze die mittels Satellitendaten, Klimamodellen und vor Ort Messungen berechnet wurde, zeigte sich in diesem Jahr ebenfalls jenseits jeden Normbereichs. Große Teile der Ablationszone im Süden Grönlands unterlagen Schmelzprozessen um bis zu 50 Tage länger, als dies im Mittel der Jahre 1979 – 2009 der Fall war. (M. Tedesco et al., 2011. S. 1) Am 12. Juli des Jahres 2012 schienen neuerdings alle Rekorde gebrochen zu sein, als Schmelzprozesse 98,6% des Eisschildes, darunter auch Inlandsbereiche mit Höhen

---

[7] „...ein erhöhter Druck setzt den Schmelzpunkt des Eises herab". (M.Scholz, 2012. S. 345)

von über 3000m, betrafen. Die Schmelze erreichte ihren zweiten Höhepunkt am 29. Juli desselben Jahres, als 79,2% der Gesamtfläche betroffen waren. Abgesehen von hohen Oberflächentemperaturen, müssen allerdings weitere Ereignisse zusammentreffen, um ein derartiges Ereignis zu ermöglichen. Eine wesentliche Rolle dürfte dabei einer, vor allem aufgrund geringer Akkumulation, niedrigen Albedo zugekommen sein. (Siehe Kapitel 7.1.: *Veränderungen der grönländischen Albedo)* (S.V. Nghiem et al., 2012. S. 3) Auch Auslassgletscher in Grönland reagieren mit erhöhter Sensibilität auf atmosphärische und ozeanische Temperaturerhöhungen. Besonders rasche Rückzüge der Gletschergrenzen betrafen beispielsweise den *Jakobshavn Isbrae* Gletscher in Westgrönland, dessen Zurückweichen mit einer Verdreifachung der Eisstrom Geschwindigkeiten einherging. Das jährliche Fließtempo des Gletschers erhöhte sich somit von 5 – 6km pro Jahr (1990), auf 16km pro Jahr (2012). (Alfred-Wegener-Institut, 2013. S. 1) Derartige Veränderungen werden durch erhöhte Schmelzraten an der Unterseite schwimmender Eiszungen der Auslassgletscher angetrieben, was mit einem Rückzug der Kalbungsfront und erhöhten Eisstromgeschwindigkeiten einhergeht. Der *Petermann Glacier* in Nordgrönland reagierte zwar mit konstanten Fließgeschwindigkeiten, erlitt jedoch als Folge voranschreitender Destabilisierung zwei große Eisbergabrisse im August 2010 (270km²) und im Juli 2012 (120km²). Nichtsdestotrotz bewegen sich durch Schmelzprozesse verursachte Masseverluste in einer ähnlichen Größenordnung wie Verluste an der Kalbungsfront der Auslassgletscher. Allerdings bedarf es hier sehr starken regionalen Differenzierungen: Während sich dynamische Verluste vor allem im Südosten, Zentralwesten und Nordwesten ereignen, werden Regionen im Südwesten und Nordosten von einer negativen Oberflächenmassenbilanz dominiert. (IPCC, 2013. *Oberservations: Cryosphere* S. 356) Jüngste Observationen zeigen, dass in erster Linie Regionen in denen der Strom warmer Wassermassen nachgewiesen werden konnte von großen Verlusten betroffen sind, da hier ozeanische und atmosphärische Treiber zusammenwirken. (F.M. Nick et al., 2013. S. 235) Rezent erhöhte Verlustraten in Form erhöhter Schmelzvorgänge und beschleunigter Eisströme des grönländischen Eisschilds, lassen sich somit auf die Wechselwirkung von ozeanischen und atmosphärischen Schlüsseltreibern zurückführen.

7.1. Veränderungen der grönländischen Albedo

Die im vorhergehenden Abschnitt angesprochenen Rekordschmelzen im Jahr 2010 und 2012 werden in erster Linie auf Anomalien der Albedo zurückgeführt. Die durchschnittliche Albedo des grönländischen Eisschilds reduzierte sich im Jahr 2010 von 0,835 (April) auf 0,707 (Juli). Selbige Werte resultieren aus einer Kombination von reduzierter Frequenz und Magnitude von Schneefall (vor allem in den Wintermonaten), verstärkten Schmelzprozessen (in den Sommermonaten) sowie einer langzeitlichen Exposition von schneefreiem Eis. Während Neuschnee eine Albedo von ca. 0,9 besitzt, verringert sich das Rückstrahlvermögen bei Firn bzw. Altschnee auf 0,6 und bei schneefreiem Eis sogar auf 0,4. Die größten Albedo Rückgänge wurden in der Ablationszone, vor allem im Südwesten, Nordwesten und Nordosten Grönlands verzeichnet. Besonders in diesen Bereichen des Eisschilds ergaben sich selbstverstärkende Wechselwirkungen zwischen steigender Temperatur und sinkender Albedo. Mit zunehmender Lufttemperatur werden die Mächtigkeit und Beschaffenheit der Schneedecke verändert, sodass in Folge die Albedo abnimmt. Temperaturbedingte Schneemetamorphose und sich somit ausdehnende Eiskristalle, können jedoch auch ohne sichtbare Schneeschmelze zu einer Verringerung der Albedo beitragen. In der Akkumulationszone des Eisschilds sind diese Wechselwirkungen jedoch außer Kraft gesetzt, da hier Temperaturerhöhungen mit gesteigerten Niederschlägen und somit höherer Albedo einhergehen. (J.E. Box et al., 2012. S. 821-837), (M.Tedesco et al., 2011. S. 1-6) Der Sachbestandsbericht der *IPCC* bestätigt diese jüngsten Entwicklungen und verweist darüber hinaus auf eine in den letzten Jahren vor allem in Küstenregionen um bis zu 18% reduzierte Albedo des grönländischen Eisschilds. (IPCC, 2013. *Oberservations: Cryosphere* S. 351)

7.2. Schmelzwasserinfiltration im Bereich Grönlands

An diversen küstennahen Regionen Grönlands entstehen während der sommerlichen Tauperiode innerglaziale Seen, dessen infiltrierendes Wasser eine wichtige Verbindung zwischen Oberflächenwasser und Eisschildbasis darstellt. Wie bereits in Kapitel 6 (*Interne und atmosphärische Instabilität*) erwähnt, verringert das Schmelzwasser den Reibungswiderstand und erhöht somit die Fließgeschwindigkeit des Eises um 10 – 20 %. Interessanterweise findet man derartige Drainage Ereignisse vorwiegend im Südwesten und Nordosten Grönlands, während sie in den sich schnell verändernden Regionen im Südosten und Nordwesten des Eischilds überaus rar sind. (IPCC, 2013. *Oberservations: Cryosphere* S. 354-355) N. Selmes et al. (2011) untersuchte im Beobachtungszeitraum zwischen 2005 – 2009 die Entwicklung von 2600 Seen und stimmte mit seinen Ergebnissen überein. Rund 61% der Drainage Ereignisse ließen sich im Südwesten lokalisieren, während sich nur 1% aller Ereignisse im Südosten vollzogen. Daraus ergibt sich eine durchaus überraschende umgekehrte Beziehung zwischen Drainage Ereignissen und Regionen die großen Masseverlusten unterstehen. Daraus kann gefolgert werden, dass Masseverluste in nur sehr geringem Ausmaß diesem Phänomen und daraus resultierenden Beschleunigungen der Eisströme geschuldet sind. (N. Selmes et al., 2011. S. 1-5)

8. Antarktis – externe Klimatreiber

Forschungsergebnisse von J. Turner et al. (2005) als auch von E.R. Thomas et al. (2008) belegen drastische Temperaturerhöhungen im Bereich der antarktischen Halbinsel. Mit einem Anstieg der Oberflächentemperatur um 2,5° Celsius seit 1950, sowie einer Erhöhung der Ozeantemperaturen um bis 2° Celsius, konnten in dieser Region die stärksten Temperaturanstiege der gesamten Südhalbkugel dokumentiert werden. Die westlich und nördlich gelegenen Wetterstationen der Halbinsel *Faraday* und *Vernadsky* verzeichneten die dementsprechend größten Temperaturerhöhungen des gesamten Eisschilds im Beobachtungszeitraum zwischen 1971 – 2000. (J.Turner et al., 2005. S. 282) In diesen Regionen konnte somit ein klarer Anstieg von Luft-, Wassertemperaturen und Windgeschwindigkeiten verzeichnet werden. Als mögliche Ursache wird eine Verschiebung der Windsysteme über der Antarktis angenommen. Dies wiederum könnte neben erhöhten Treibhausgasemissionen, auch der Ausdünnung der Ozonschicht über der Antarktis geschuldet sein. (J.Turner et al., 2005. S. 282-284) Laut E.R. Thomas et al. (2007) konnten für den gesamten Kontinent keine bedeutenden Veränderungen der Schneeakkumulation seit 1950 festgestellt werden, während hingegen für den westlichen Teil der antarktischen Halbinsel eine Verdoppelung der Niederschläge seit 1850 gemessen wurde. (E.R. Thomas et al., 2007. S.1) Bisherige Ergebnisse zeichnen somit das Bild einer durch das transantarktische Gebirge geteilten Polarregion, mit messbaren Temperaturanstiegen in der Westantarktis und der antarktischen Halbinsel und stabilen bis sinkenden

Temperaturen der Ostantarktis. Gemäß dem aktuellen Sachbestandsbericht der *IPCC* haben sich bislang leichte Erwärmungen in der Westantarktis jedoch noch nicht in gesteigerter Oberflächenschmelze oder Niederschlägen manifestiert, während in der Ostantarktis in erster Linie sommerliche Abkühlung gemessen wurde. (IPCC, 2013. *Oberservations: Cryosphere* S. 353) Ozeanische und atmosphärische Erwärmungen drohen antarktische Schelfeise zu destabilisieren, welche zum jetzigen Zeitpunkt als wichtige Stütze der Eisschilde dienen. (I. Joughin & R.B. Alley, 2011. S. 506) Rund 74% abfließender Eismassen in der Antarktis bilden Eisschelfe, wobei sich die größten Verluste im Bereich der *Amundsen* See ereignen. Der *Pine Island* Gletscher erlitt beispielsweise Ausdünnungsraten von bis zu 6m pro Jahr an der Aufsetzlinie im Beobachtungszeitraum 2003 - 2007. (E. Rignot et al., 2004. S. 1), (Alfred-Wegener-Institut, 2014. S. 2) In die *Amundsen* See fließende Eisströme nehmen somit rund 40% des Abflussvolumens des gesamten Eisschildes ein. (A.J. Payne et al. 2004. S. 1) Tatsächlich können erhöhte Abflussraten in erster Linie bei aufgrund ozeanischer Erwärmung destabilisierten Auslassgletschern und Eisschelfen festgestellt werden, während größere Schelfe der Ostantarktis weitgehend stabilen Bedingungen unterstehen. Entsprechend der verzeichneten Temperaturerhöhung im Bereich der antarktischen Halbinsel, vollzieht sich hier der Rückzug der Eisschelfe mit zunehmenden und unberechenbaren Geschwindigkeiten, was im Jahr 2002 zum vollständigen und unerwarteten Kollaps des *Larsen B* Eisschelfs geführt hat. (IPCC, 2013. *Oberservations: Cryosphere* S. 356) Da im westantarktische Eisschild große Bereiche des Felsbetts unter dem Meeresspiegel angesiedelt und zudem Richtung Inlandeis geneigt sind, gilt dieser als potentiell durch ozeanische Destabilisierung gefährdet. Nach D. Pollard und R.M. De Conto (2009) befindet sich der westantarktische Eisschild derzeit in einem „*intermediate*" Status, sodass eine weitere Erwärmung der Ozeantemperatur um 5° Celsius ausreichen würde, um einen vollständigen Kollaps des Eisschildes herbeizuführen. (D. Pollard & R.M. De Conto, 2009. S.332)

8.1.   Eisschelfverluste im Bereich der Antarktis

Im Laufe der letzten zwei Jahrzehnte, konnte ein bedeutender Rückgang von Eisschelfen entlang der Küste der antarktischen Halbinsel vernommen werden. Seit den ältesten Aufzeichnungen aus den 1950ern wurden in dieser Region 28.117km², seit 1993 rund 8.000 km², an Eisfläche verloren. Die größten Verluste resultierten aus den Abbruchereignissen des *Larsen A, B* und *C*, sowie dem *Wilkins* Eisschelf, welche in Summe 84% der Masseverluste durch Eisschelfabbrüche in dieser Region einnehmen. Schon in den 1940er Jahren wurden erste Rückzüge des *Larsen A* Eisschelfs dokumentiert, welcher schließlich im Jänner 1995 zerfiel. Dem über 12.000 Jahre lang stabilen Eisschelf *Larsen B*, ereilte im Jahr 2002 das gleiche Schicksal, während der *Larsen C* Eisschelf derweilen noch einigermaßen stabilen Bedingungen untersteht, jedoch aufgrund der erhöhten Luft- und Ozeantemperaturen an Masse verliert. Der Kollaps im Jahre 2002 ist in erster Linie dem Phänomenen der Schelfeisausdünnung und der Fraktur verschuldet, bei dem Schmelzwasser in Ritzen des Eises eindrang, sodass der Eisschelf beim Gefrieren des infiltrierten Wassers innerhalb kürzester Zeit regelrecht zerfiel. Der *Wilkins* Eisschelf hingegen erlitt Masseverluste in erster Linie durch das Kalben von Eisbergen, ein an sich natürlicher Prozess, welcher jedoch ebenfalls durch Schmelzwasserinfiltration beschleunigt wird. Das Zusammenwirken von Schubspannung nachfließender Eismassen und Einflüsse von Wellen und Gezeiten an der Schelffront, lassen im Eiskörper tiefe Risse und Spalten entstehen. Das Eindringen oberflächlichen Schmelzwassers verursachte somit beim *Wilkins* Eisschelf, erneut durch beim Wiedergefrieren entstehende Frostdruckprozesse, eine klare Beschleunigung der Kalbungsfrequenz. (R. Barry & T.Y. Gan, 2011. S. 280) Die Abschätzung möglicher Anpassungen und Reaktionen der kontinentalen Gletschermassen auf derartige Verluste von Eisschelfen, stellen einen der wichtigsten aktuellen Forschungsgegenstände dar um somit Prognosen für zukünftige Masseverluste erstellen zu können. Beispielsweise verursachte der Verlust des *Larsen A* Eisschelfs eine klare Intensivierung und Beschleunigung der Eisströme, welche erstmals von Rott et al. (2002) und für den Verlust des *Larsen B* Eisschelfs im Jahre 2002 von Rignot et al. (2004) mit ähnlichen Ergebnissen dokumentiert wurden. Die Zeitskalen die benötigt werden um nach derartigen Ereignissen einen Gleichgewichtszustand wiederherzustellen sind von Geometrie, dem Gletscherbett, den Fließbedingungen und diversen anderen Faktoren abhängig und somit kaum abschätzbar. (E. Rignot et al. 2004, S. 1-4) Sollten zukünftig auch Anteile des

westantarktischen Eisschildes, welcher wie erwähnt einer „potentiellen Gefährdung"
untersteht, mit ähnlicher Intensität vom Verlust von Eisschelfen betroffen sein, könnte
dies Masseverluste mit einem äquivalenten Meeresspiegelanstieg von bis zu 3,4m zur
Folge haben. (IPCC, 2013. *Oberservations: Cryosphere* S. 357) Eine mögliche und oft
kontrovers diskutierte Bedrohung, welche nun im folgenden Kapitel behandeln wird.

9. Beiträge der Eisschilde zum Meeresspiegelanstieg

Der durch den Klimawandel induzierte Meeresspiegelanstieg stellt aufgrund der
unmittelbaren zerstörerischen Konsequenz für küstennahe Siedlungen und
Infrastrukturen möglicherweise eine der größten Bedrohungen und
Herausforderungen des 21. Jahrhunderts dar. Während die Funktion und Gewichtung
der beiden Eisschilde im Kontext des Meeresspiegelanstiegs am Anfang des 21.
Jahrhunderts noch durchaus kontrovers diskutiert wurde, erfolgte mit dem im Jahr
2006 publizierten Artikel *Changes in the Velocity Structure of the Greenland Ice Sheet*
von Rignot & Kanagaratnam (2006*)*, ein regelrechter Paradigmenwechsel.
Forschungsergebnissen zufolge, hatte sich der Masseverlust Grönlands im
Beobachtungsreitraum 1996 - 2006 mehr als verdoppelt, sodass die Beiträge von
Eisschilden zum globalen Meeresspiegelanstieg nicht länger unterschätzt und im
vierten Sachbestandsbericht dementsprechend als *„sehr wahrscheinlich"* gewichtet
wurden. Der fünfte Sachbestandsbericht bemisst aktuelle Beiträge beider Eisschilde
im Beobachtungszeitraum 2005 - 2010 auf durchschnittlich 1,04mm ± 0,37 mm pro
Jahr (Grönland 0,63mm ± 0,17mm pro Jahr / Antarktis 0,41mm ± 0,20mm pro Jahr).
Die akkumulierten Beiträge beider Eisschilde zum Meeresspiegelanstieg haben sich
somit gegenüber dem Beobachtungszeitraum 1993 - 2010, für den durchschnittliche
Beiträge von 0,60mm pro Jahr errechnet wurden, fast verdoppelt. (IPCC, 2013.
Oberservations: Cryosphere S. 353) Dies verdeutlicht die rezente Beschleunigung des
Meeresspiegelanstiegs, welcher mit steigenden Masseverlusten der Eisschilde
einhergeht. Dementsprechend sind Zukunftsprognosen zu einem wichtigen neuen
Gegenstand der Wissenschaft erwachsen, sodass sich diverse Forschungsprojekte
mit dem quantitativen Meeresspiegelanstieg der nächsten Jahrzehnte
auseinandersetzen. Rignot et al. (2011) prognostizierte auf Basis der mittels *GRACE*
erfassten Massenänderungsraten im Beobachtungszeitraum 1992 – 2009, unter
Annahme gleichbleibender Beschleunigung, einen durch Eisschilde bedingten

Meeresspiegelanstieg von ca. 15cm im Jahr 2050 und 56cm im Jahr 2100. Diese Vorhersage basiert auf Extrapolation, sodass im Beobachtungszeitraum gemessene Verlustraten in gleichem Maße weiterarbeiten müssten als bisher. Dementsprechend divergieren derartige Zukunftsprognosen je nach berücksichtigten Zeitskalen und der Verwendung von konstanten oder beschleunigten Masseverlustraten beträchtlich. (W.T. Pfeffer, 2001. S.106) Vor allem der westantarktische Eisschild gilt aufgrund des sich unter dem Meeresspiegel befindenden Felsbetts als potentiell instabil und könnte bei einem Kollaps dramatische Beiträge zum Meeresspiegelanstieg liefern. (R. Barry & Y.G. Thian, 2011. S.162-163) Wissenschaftlicher Konsens besteht jedoch weitgehend darüber, dass zukünftige Beiträge von Eisschilden aller Voraussicht nach weiter steigen und somit Gebirgsgletscher als wichtigste Treiber des Meeresspiegelanstiegs langfristig ablösen könnten.

Zusammenfassung

Die inländische Jahresdurchschnittstemperatur der Antarktis liegt bei -55° Celsius, sodass sich Erhöhungen der Lufttemperatur in vernachlässigbarem Maße in verstärkter Schmelze oder Niederschlägen manifestieren. Weitaus problematischer erweisen sich hingegen Temperaturerhöhungen des Südpolarmeers und dessen destabilisierende Auswirkungen auf Bereiche der antarktischen Halbinsel. Für die Ostantarktis ist auch bei einer starken Erwärmung kein vollständiger Kollaps zu erwarten, während der marine Eisschild der Westantarktis über eine weitaus höhere Vulnerabilität verfügt. Niederschläge weisen im Bereich der Antarktis zwar eine große Variabilität auf, allerdings sind keine eindeutigen Trends feststellbar. Weitaus sensibler reagiert der grönländische Eisschild auf externe Klimatreiber, da sowohl Niederschläge als auch Oberflächenschmelze dramatisch zugenommen haben. Auswirkungen der globalen Erwärmung manifestieren sich zunächst vor allem in Übergangsbereichen wie Eisschelfen und Auslassgletschern, die in den letzten Jahren sowohl in der Antarktis als auch in Grönland von steigenden Verlusten betroffen waren. Die Reaktion des „Systems" Eisschild auf externe Klimaveränderungen sind trotz modernster Mess- und Überwachungsmethoden nur schwer abschätzbar. Dies bewies der Zusammenbruch des *Larsen B* Eisschelfs, ein Ereignis, dass in dieser Form und Geschwindigkeit schlichtweg nicht erwartet wurde und somit zum Überdenken von Zeitskalen und Prozessdynamiken geführt hat. Dementsprechend wurden von der

IPCC sogenannte „*rapid ice changes*" als Veränderungen definiert, welche über ausreichende Geschwindigkeit und Magnitude verfügen um Massenbilanzen und somit auch den Meeresspiegel innerhalb einiger Jahrzehnte zu beeinflussen. Ein weiterer von der *IPCC* vorgeschlagener Paramater zur Bemessung des aktuellen Wandels in Polarregionen, ist die Irreversibilität aktueller Prozesse. Dazu gehört mit Sicherheit der Verlust großer Teile Grönlands, da der Eisschild aufgrund einer durch Schmelzprozesse abgesenkten und somit auch wärmeren Oberfläche selbst in einem kälteren Klima nur langsam in der Lage wäre wieder zu erdicken. Auch der Bereich der antarktischen Halbinsel ist jedoch von irreversiblen Wandelprozessen betroffen. Beispielsweise würde die Rückführung des *Larsen B* Eisschelfs zu seinem Ursprungszustand selbst bei einer Umkehrung der aktuellen Situation einige Jahrhunderte andauern. (IPCC, 2013. Observations: Cryosphere S. 355) Die mangelnde Berücksichtigung regionaler Variabilität bei der Betrachtung von Phänomenen des globalen Wandels, führt häufig zu einer zusammenhangslosen und somit sehr widersprüchlichen medialen Berichterstattung. Es bleibt zu hoffen, dass Klimawandelskeptikern dieser Nährboden entzogen wird und stattdessen eine breite Öffentlichkeit für die Relevanz und Dramatik aktueller Wandelprozesse in Polarregionen sensibilisiert wird.

Bibliographie

Barry G.R. & T.Y. Gan (2011): *The global Cryosphere. Past, Present, and Future.* Cambridge: Cambridge University Press.

Intergovernmental Panel on Climate Change (2013): *Climate change 2013. The Physical Science Basis. Observations: Cryosphere.*

McKnight T.L. & Hess D. (2009): *Physische Geographie. Die Erde im Überblick.* München et al.: Pearson Studium.

Scholz M. (2012): *Planetologie I. Astronomie und Astrophysik V.* Berlin: epubli GmbH.

Slaymaker O. & Kelly R. E.J. (2007): *The Cryosphere and global environmental change.* Malden et al.: Blackwell Publishing.

Zeitschriftenartikel

Alfred-Wegener-Institut (Helmholtz – Zentrum für Polar und Meeresforschung): *Die Folgen des Klimawandels für das Leben im Südpolarmeer.* 2014.

Alfred-Wegener-Institut (Helmholtz – Zentrum für Polar und Meeresforschung): *Das aktuelle Wissen zum Thema: Eisschilde.* 2013.

Barrand N.E., Vaughan D.G., Steiner N., Tedesco M., Munneke P.K., Van der Broeke M.R., Hosking J.S.: *Trends in the Antarctic Aeninsula melting conditions from observations and regional climate modeling.* In: Journal of Geophysical Research: Earth Surface. Vol. 118, 2013.

Box J.E., Fettweis X., Stroeve J.C., Tedesco M., Hall D.K., Steffen K. : *Greenland ice sheet albedo feedback. Thermodynamics and atmospheric drivers.* In: The Cryosphere. Vol. 6, 2012.

Joughin I. & Alley R.B.: *Stability oft he West Antarctic ice sheet in a warming world.* In: Nature Geoscience. Vol. 4, 2011. Macmillan Publishers Limited.

Mayer C. & Oerter H.: *Die Massenbilanzen des Antarktischen und Grönländischen Inlandeises und der Charakter ihrer Veränderungen.* In: J. Lozan et al. (Hrsg.): *Warnsignale aus den Polarregionen.* Wissenschaftliche Auswertungen, Hamburg 2006.

Nghiem S.V., Hall D.K., Mote T.L., Tedesco M., Albert M.R., Keegan K., Shuman C.A., Di Gorlamo, Neumann G.: *The extreme melt across the Grennland ice sheet in 2012.* In: Geophysical Resarch Letters. Vol. 39, 2012.

Nick F.M., Vieli A., Andersen M.L., Joughin I., Payne A., Edwards T.I., Pattyn F., Van der Wal R.S.W.: *Future sea-level rise from Greenland´s main outled glaciers in a warming climate.* In: Nature. Vol. 497, 2013. Macmillan Publishers Limited.

Payne A.J., Vieli A., Shepherd A.P., Wingham D.J., Rignot E.: *Recent dramatic thinning of largest West Antarctic ice stream triggered by oceans.* In: Geophysical Resarch Letters. Vol. 31, 2004.

Pfeffer W.T.: *Land ice and sea level rise. A thirty-year perspective.* In: Oceanography. Vol. 24, 2011.

Pollard D. & DeConto R.M.: *Modelling West Antarctic ice sheet growth and collapse through the past five millio years.* In: Nature. Vol. 458, 2009. Macmillan Publishers Limited.

Rignot E., Casassa G., Goginemi P., Krabill W., Rivera A., Thomas R.: *Accelerated ice discharge from the Antarctic Peninsula following the collapse of Larsen B ice shelf.* In: Geophysical Resarch Letters. Vol. 31, 2004.

Rignot E. & Kanagaratnam P.*: Changes in the Velocity Structure of the Greenland ice sheet.* In: Science. Vol. 311, 2006.

Rignot E., Velicogna I., Van der Broeke M.R., Monaghan A., Lenarcts J.T.M.: *Acceleration of the contribution of the Greenland and Antarctic ice sheets to sea level rise.* In: Geophysical Research Letters. Vol. 38, 2011.

Sasgen I., Van der Broeke M., Bamber J.L., Rignot E., Sorensen L.S., Wouters B., Martinec Z., Velicogna I., Simonsen S.B.*: Timing and origin of recent regional ice-mass loss in Greenland.* In: Earth and Planetary Science Letters. Vol. 333 – 334, 2012.

Selmes N., Murray T., James T.D.: *Fast draining lakes on the the Greenland Ice Sheet.* In: Geophysical Resarch Letters. Vol. 38, 2011.

Tedesco M., Fettweis X., Van der Broeke M.R., Van der Wal R.S.W., Smeets C.J.P.P., Van der Berg W.J., Serreze M.C., Box J.E.: *The role of albedo and accumulation in the 2010 melting record in Greenland.* In: Environmental Research Letters. Vol. 6, 2011.

Thomas E.R., Marshall G.J., McConell J.R.: *A doubling in snow accumulation in the western antarctic peninsula since 1850.* In: Geophysical Research Letters. Vol. 35, 2008.

Turner J., Colwell S.R., Marshall G.J., Cope T.A.L., Carleton A.M., Jones P.D., Lagun V., Reid P.A., Iagovkina S.: *Antarctic climate change during the last 50 years.* In: International Journal of Climatology. Vol. 25, 2005.

Zwally H.J., Giovinetto M.B., Li J., Cornejo H.G., Beckley M.A., Brenner A.C., Saba J.L., Yi D.: *Mass changes of the Greenland and Antarctic ice sheets and shelves and contribution to sea-level rise: 1992-2002.* In: Journal of Glaciology. Vol. 51, 2005.

Abbildungsverzeichnis

Abbildung 1: Regional mass trends of the GrIS.

Sasgen I., Van der Broeke M., Bamber J.L., Rignot E., Sorensen L.S., Wouters B., Martinec Z., Velicogna I., Simonsen S.B.: *Timing and origin of recent regional ice-mass loss in Greenland.* In: Earth and Planetary Science Letters. Vol. 333 – 334, 2012. S. 295.

Abbildung 2: Cumulative ice mass loss Antarctica.

Intergovernmental Panel on Climate Change (2013): Climate change 2013. The Physical Science Basis. Observations: Cryosphere. S. 349.